CATALOGUE

D'EFFETS PRÉCIEUX,

E N Pendules, Girandoles, Marbres, Bronzes, Secrétaires, Armoires, Tapisseries, &c ; dont la vente, en vertu d'Arrêt de Nosseigneurs de la Cour du Parlement, se fera en l'une des Salles de MM. les Religieux de la Mercy, rue du Chaume, le Mercredi (28 Août 1776,) deux heures de relevée, & jours suivans. L'on y pourra voir les Objets, les 24, 25, 26 & 27 Août 1776, depuis dix heures du matin jusqu'à une heure de relevée.

Le présent Catalogue se distribue chez Me. HAYOT DE LONGPRÉ, Huissier-Commissaire-Priseur, rue de Gêvres, maison du Notaire.

A PARIS,

De l'Imprimerie de CLOUSIER, Imprimeur-Libraire, rue Saint-Jacques.

M. DCC. LXXVI.

AVIS.

*L'*ON *doit prévenir MM. les Amateurs que les Effets que nous annonçons viennent d'une Maison opulente, dont le Propriétaire n'a rien épargné pour faire faire des modèles de goût par d'habiles Artistes. Il est aisé de voir dans l'exécution desdits Ouvrages, tant par la forme que par la finesse de la ciselure, qu'ils sont parfaitement bien finis.*

CATALOGUE

D'EFFETS PRÉCIEUX,

En Pendules , Girandoles , Marbres , Bronzes , Secrétaires , Armoires , Tapisseries , &c.

Articles des Pendules.

1 Une Pendule , par Barbier le jeune , en forme de Cartel , ornée par une Figure représentant la Science & ses Attributs , élevée sur un socle d'ébene , embellie par des ornemens de cuivre doré d'or moulu, de deux pieds de haut sur seize pouces de large.

2 Une autre Pendule à Carrillon , faite par J. Calon , en forme de Cartel , dans sa boëte de cuivre , de deux pieds & demi de haut.

3 *Idem* , une autre Pendule curieuse , faite par Stollewerest , à Paris , marquant les heures , minutes , quantième du mois , & les phases de la Lune ; ladite Pendule à Carrillon , ayant pour sujet la mort d'Adonis avec tous les attributs de la chasse , & pour frontispice Vénu

arrivant dans son char ; la hauteur est de trois pieds & demi de haut sur deux de large ; le socle est de bois de rose & de palissandre avec moulures, le tout de cuivre doré d'or moulu : elle est de la plus grande beauté.

4 Deux autres, faites par Roque, en forme de vases, dont le fond est de marbre verd jaspé, un Amour à chacun indique le mouvement des heures ; le haut terminé par une pomme de Pin, & par bas ils sont placés sur un socle enrichi de bas-reliefs ; l'un marque les heures par des cadrans mobiles, & l'autre marque les mois, les semaines & jours de l'année ; ils sont pendans, & méritent de tenir place dans le Cabinet le plus curieux : le tout en ornemens de cuivre doré d'or moulu très-bien finis, ils ont un pied de haut.

5 Une autre Pendule, faite par Roque, en forme de vase, marquant les heures & minutes par des cadrans mobiles ; un coq de chaque côté, symbole de la vigilance, des guirlandes de feuilles de vignes & raisins la décorent ; une étoile en pierre de stras marque les heures, le tout exécuté en bronse doré d'or moulu, ayant deux pieds de haut.

6 Quatre figures d'Enfants, montés sur des socles de marbre blanc, représentant les quatre Saisons, avec chacun leurs attributs, soutenant une girandole à deux branches ; des guirlandes, des ornemens enrichissent ces quatre morceaux, qui sont charmans, ont un pied cinq pouces de haut ; le tout doré d'or moulu.

7 Autre Pendule, formée par les trois Graces, qui soutiennent un vase qui marque les heures & minutes par deux cadrans mobiles ; au-dessus

eſt un Amour qui indique les heures par une flèche : cette jolie Pendule ſert de milieu aux quatre Saiſons , elle porte vingt-un pouces de haut.

8   Une autre Pendule , faite par Gilles , l'aîné , montée ſur un ſocle , le cadran eſt au milieu dans ſa boëte , au-deſſus de laquelle eſt un Amour avec ſes attributs le pied ſur la tête du Tems ; elle eſt décorée d'une chûte de laurier de chaque côté qui ſe termine au ſocle , le tout en cuivre doré dor moulu ; elle a un pied & demi de hauteur ſur un pied de large.

9   Autre Pendule de très-bon goût , faite par Rigault , à Paris , dans ſa boëte à cartel , compoſée de deux figures de Femme qui repréſentent les Richeſſes , ſur un ſocle chantourné ; le tout doré d'or moulu , ſur un pied cinq pouces de haut & quatorze pouces de large.

10 Une autre belle Pendule , faite par Roque , à Paris , en forme de Lyre par deux conſoles marquant les heures & minutes , le cadran au milieu ſurmonté d'un vaſe orné de têtes de béliers , au milieu duquel eſt un cadran mobile marquant les quantièmes du mois par une éguille en pierre de ſtras ; au-deſſus du tout eſt un globe qui marque le mouvement des Etoiles & de la Lune . . . dans le ſocle eſt le mouvement de ladite Pendule , lequel fait mouvoir un globle terreſtre en argent ; ledit ſocle , la forme & la mécanique mérite attention par ſa beauté ; elle porte deux pieds neuf pouces de haut , le tout de cuivre doré d'or moulu : ſa gaîne , qui ſupporte le tout , eſt en bois peint en marbre blanc avec ornemens dorés ; un cadran , placé au milieu , démontrant un Baro-

mètre & Termomètre ainſi que les quantièmes du mois, ayant trois pieds de haut, un pied & demi de large.

11 Deux Pots-Pouris, en forme de vaſes, ornés de guirlandes de feuilles de chênes & têtes de béliers, ſervant auſſi de girandoles à quatre bobêches, chacun ſur leurs pieds & ſocles de cuivre doré d'or moulu & ébene, de ſeize poucès de haut.

12 Deux Girandoles agréables dont le pied eſt compoſé de deux jolies Nymphes qui ſoutiennent chacune un vaſe d'où partent trois bobêches montées ſur un pied orné de guirlandes de roſes; le tout bien exécuté en cuivre doré d'or moulu, de deux pieds de haut.

13 Deux Girandoles à trois branches, ſoutenues par un chêne qui porte ombrage à un grouppe de deux Enfants à chacune; la première repréſente les Amours Oiſeleurs, & l'autre l'Amour & Bacchus, qui eſt aſſis ſur un panthere, avec tous leurs acceſſoires bien exécutés qui enrichiſſent ces deux morceaux exécutés en cuivre doré d'or moulu, & qui ont deux pieds cinq pouces de haut.

14 Deux Bras de cheminée dans le goût moderne, ornés de têtes de béliers qui ſoutiennent trois tiges de bobêches; ils ſont ſurmontés d'un vaſe orné de guirlandes de cuivre doré d'or moulu, ils ont vingt pouces de hauteur.

15 Deux Vaſes de marbre d'Italie jaune veiné, ornés chacun de bronze doré & de deux têtes de béliers, ſur leurs pieds de cuivre doré d'or moulu, ſurmontés d'un couvercle garni d'une pomme de pin, d'un pied de haut.

16 Deux autres Vaſes d'albâtre gris , ornés de
bronze doré d'or moulu , de huit pouces de
haut.

Articles des Flambeaux & Feux dorés.

17 Deux Flambeaux , en forme de colonnes
d'albâtre gris , ornés de cuivre doré d'or moulu ,
de ſept pouces de haut.
18 Deux autres Flambeaux , en forme de gué-
ridons , ornés de têtes de béliers avec guirlandes
en cuivre doré d'or moulu , de huit pouces de
haut.
19 Un Feu en vaſe doré d'or moulu.
20 Un autre Feu , orné chacun d'une figure
Homme & Femme repréſentant l'Hiver.
21 Un autre Feu à feuillages & vaſes de cuivre.
22 Deux paires de Flambeaux avec leurs girandoles à trois branches de cuivre argenté.
23 Quatorze paires de Flambeaux de cuivre
argenté.

Articles des Fuſils.

24 Un Fuſil à canon d'Eſpagne , fait par Lejeune.
25 Cinq autres Fuſils à canons d'Eſpagne , dont
un de Dame , garni d'argent.

Bureaux , Secrétaires & Commodes en Marqueterie.

26 Un Bas-d'Armoire , en forme de commode ,
de cinq pieds & demi de long ſur deux pieds
de profondeur , en bois de paliſſandre & roſe
& à fleurs , à trois paneaux ; celui du milieu en

médaillon repréſentant en moſaïque un panier de fleurs, richement orné de bronze doré d'or moulu avec la tablette d'albâtre.

27 Deux Encoignures du même bois, ornemens & médaillons, décoré de même que ci-deſſus, avec tablettes d'albâtre.

28 Un Secrétaire de paliſſandre & roſe, en forme d'armoire à deux guichets, & tablette au milieu; & pour agraffe un maſque de Minerve, au deux angles un muſle de Lion, & ſur le retour deux trophées, le tout de bon goût ; tous les ornemens ſont en bronze doré d'or moulu, & la tablette en albâtre.

29 Un Secrétaire à cylindre en bois de roſe & paliſſandre, avec des ornemens de cuivre doré d'or moulu.

30 Une belle Commode à la Régence en bois de paliſſandre ſatiné, à demi-tombeau, ornée d'ornemens de cuivre doré d'or moulu.

31 Une autre Commode de bois de paliſſandre & roſe, ornée de cuivre en couleur, avec deſſus de marbre.

32 Un Secrétaire de Vernis, en forme d'armoire, à deux guichets, tablettes, & à deſſus de marbre.

33 Un autre Secrétaire de bois roſe & paliſſandre à deux guichets, & tablettes, à deſſus de marbre.

34 Un Bureau de bois de paliſſandre & roſe, à carderon & ornemens de cuivre.

35 Un petit Secrétaire à tablettes de bois de paliſſandre, orné en cuivre.

36 Une petite Table à écrire de bois ſatiné, dans laquelle eſt renfermé un évantail, formant un écran quand on veut s'en ſervir auprès du feu, & qui eſt à ſecret.

37 Une Chaise de propreté, couverte de maroquin.

38 Deux très-belles Housses en dôme de damas des Indes, fond bleu, ornées de tresses & paillettes d'argent ; les rideaux, pentes & ornemens desdits lits de gros-de-Tours à franges, paillettes, mêlés de fleurs d'argent.

39 Douze Chaises & douze Fauteuils de pareille étoffe.

40 Un Baldaquin & six Fauteuils de même, rayés en rouge & blanc.

41 Quinze Lez de brocatelle velouté cramoisi, à grandes fleurs d'or.

42 Une Housse de siamoise rayée.

43 Un petit Secrétaire de bois de rapport, à fleurs, avec serre-papier, tiroirs & tablettes.

44 Plusieurs morceaux de Gros-de-Tours blanc & broché en or, & deux morceaux de Tafetas de pareille couleur.

45 Une Courte-pointe, quatre Morceaux, deux Rideaux, & un Chantourné de camelot rayé rouge & blanc.

Bijoux & Nécessaires en or & argent.

46 Un très-beau Porte-feuille de maroquin cramoisi richement brodé en or, avec la plaque de serrure aussi en or.

47 Beau Nécessaire dont la boëte est de bois rose, avec les mains & moulures en cuivre doré d'or moulu, doublé en-dedans de velours verd, garni complettement de quatre tasses à chocolat & leurs soucoupes, un sucrier, une théyere & leurs couvercles, le tout d'ancienne Saxe de la plus grande beauté, dont le fond

eſt bleu & or ; quatre Flacons & quatre Go-
belets en criſtal ; deux Boëtes à thé , une
Cuiſinière , quatre Cuillières à caffé , quatre
Coquetiers & leurs corbeilles ; un Entonnoir ,
une Bouilloire , une Chocolatière avec leur
manche de bois roſe , une Lampe de nuit ,
une Jatte à thé , un Réchaud à eſprit-de-vin
à manche d'ébene , une Pince à ſucre , le tout
d'argent doré ; trois petites Boëtes de ferblanc ,
une Pince d'acier bruni.

48 Une jolie Boëte ſervant de cave de bois ſatiné , avec les moulures de cuivre doré d'or
moulu , le dedans doublé de velours cramoiſi
à galons d'or ; un Miroir , ſept Flacons de
criſtal à bouchons & chaînes d'or , un Plateau
de glace , un Entonnoir , un petit Gobelet de
criſtal , le tout garni en or & de conſéquence.

49 Un petit Porte-feuille de maroquin rouge
garni de ſa grille & aiguille , pour guider dans
l'obſcurité.

50 Deux Couteaux à manches de nacre de perles
à viroles & cuvettes d'argent doré , avec leurs
étuits de velours verd galonné en or.

51 Une Montre d'or , ſans nom d'Auteur , gravée
avec trophée d'Amour.

52 Un bel Etui d'or de couleur , dont la forme
plate , gravé , cizelé & guilloché ſur un
fond ſablé.

53 Une Plaque d'agathe à filets d'or , repréſentant une Femme couchée , & auprès d'elle un
Satyre.

54 Une Cléopâtre d'agathe , appliquée ſur un
fond auſſi d'agathe à filets d'or.

55 Un Souvenir à deux médaillons , dans leſ-
quels il y a des payſages montés en or.

56 Deux Couteaux à manches de nacre-de-perles à viroles & cuvettes d'argent doré.

57 Une Vierge fculptée fur une cornaline à filets d'or.

58 Un Couteau à manche & lame d'or de couleur, ledit Couteau gravé, cizelé & fablé ; & un autre dont la lame eft d'acier, gravé en or.

59 Un autre Couteau à manche de nacre-de-perles avec cuvettes, rofettes, cerceaux & lame d'or, une lame d'acier, dans leurs étuits de rouffette.

60 Deux Couteaux à manches de nacre-de-perles, à cuvettes & viroles d'or, l'un à lame d'or, & l'autre d'acier, dans leurs étuis de rouffette.

61 Un Porte-crayon en émail, monté en or, garni d'un bouton de brillant & de plufieurs autres brillans.

62 Une paire de Boucles de jarretières d'argent entourées de cailloux.

63 Une charmante Bague, qui peut être regardée comme un chef-d'œuvre d'Horlogerie, renfermant dans la tête de ladite Bague une montre à répétition, avec entourage, & une aiguille montée en brillans.

64 Une Chaîne de montre en or à ufage d'homme à fept anneaux & chaînons, au-deffous defquels eft un portrait de femme en émail, le deffous dudit portrait eft un médaillon d'or de couleur, gravé & fablé, repréfentant une mandoline, un panier & un carquois, fous lequel eft un fecret qui renferme une miniature peinte en émail, & au-deffous de l'émail font fix anneaux d'or.

65 Une Cuvette montée fur fon pied, toutes les deux piéces en criftal, garnies avec goût en cuivre doré d'or moulu.

66 Un Gobelet de criftal, fon plateau de lacque
à cercle d'or, dans fon étui de chagrin noir.

Partie de Garderobe.

67 Un Chapeau de caftor, à bord, bourdaloue,
gance, bouton d'or, & un plumet blanc.
68 Onze paires de Manchettes d'Angleterre point
d'Argentan, Alençon, Valencienne & Maline,
brodées.
69 Cinquante piéces de Linon.
70 Quatre piéces Angloifes, fond blanc à petits
deffeins & ramages, contenant onze aunes
chacune.

Tableaux & Figures de marbre.

71 Un Tableau de Stuc, repréfentant la Sainte-
Famille, dans une bordure de bois noir.
72 Deux petits Tableaux, peints fur toile, qui
repréfentent un Vieillard ; & pour pendant fa
Femme, peint dans le goût de Greuze.
73 Deux Tableaux, peints fous verre, repréfentant le Marché de la Halle & de la Place
Maubert, en bordures dorées.
74 Deux autres, peints fous verre, de payfages
& animaux, dans leurs bordures dorées.
75 Deux Tableaux, peints fous verre, qui repréfentent auffi des Hermitages, à bordures
dorées.
76 Deux Deffins, fous verre, qui repréfentent
des Payfages.
77 Une Eftampe, fous verre, Allégorie du gâ-
teau des Rois, avec une jolie bordure bien
fculptée.

Suite des Tableaux & Marbres.

80 Un Calvaire avec tous les attributs de la Paſſion, en ivoire, ſous verre, dans une boëte d'ébêne.

81 Une Deſcente de Croix & ſes attributs, le tout d'ivoire, dans une bordure de bois rougie.

82 Une Grotte qui repréſente le Roi de la Chine dans ſon Palais, décorée de tous ſes ameublemens, dans ſa boëte de bois.

83 Sept Têtes de marbre en buſtes, repréſentant des figures antiques.

Accoûtrement de Cheval.

84 Une Houſſe de velours cramoiſi à double galons, franges & cordelières en or.

85 Un Caparaçon de peau de Tigre & velours cramoiſi, bordé d'un galon d'or.

86 Une autre Houſſe de cheval de velours cramoiſi à double galons, franges & cordelières d'or.

87 Une Selle de velours cramoiſi.

Tapiſſeries, Meubles, &c.

89 Six Chaiſes & un Fauteuil de velours d'Utrecht jaune.

90 Un Paquet de Galon d'argent & Franges de ſoie.

91 Seize Parties de Rideaux de $\frac{15}{16}$ & en Gros-de-Tours, dont huit bordées d'un galon d'or.

92 Une Tenture, ſur deux aunes & demie, tirée de l'Hiſtoire de l'ancien Teſtament.

(16)

93 Une autre Tenture, dont les Sujets sont tirés
de la Fable.
94 Une troisième Tenture qui représente des
Fêtes Flamandes , par Tenieres.
95 Une autre superbe Tenture des Gobelins ,
sujets de Tenieres.
96 Un Tapis-de-pied en moquette.
97 Trois Matelats de Domestiques.
98 Une grande Armoire en bois de noyer à deux
volets , corniches cintrées , & tiroir en bas.
99 Et quantité de très-beau linge de table de
toile damassée , œil de perdrix , & autres.

---

*A l'égard des autres Objets précieux , ils n'ont
pu être compris au présent Catalogue , & seront
annoncés par une nouvelle Affiche.*

www.ingramcontent.com/pod-product-compliance
Lightning Source LLC
Chambersburg PA
CBHW050737070726
47597CB00009B/3969